U0585110

中华瑰宝

——牡丹赞

袁涛 李清道 张贵敏 王莲英 著

中国林业出版社
China Forestry Publishing House

图书在版编目（CIP）数据

中华瑰宝 : 牡丹赞 / 袁涛等著. -- 北京 : 中国
林业出版社, 2025. 6. -- ISBN 978-7-5219-3004-7

Ⅰ. Q949.746.5-49

中国国家版本馆CIP数据核字第2025HN0236号

责任编辑：贾麦娥

装帧设计：刘临川

出版发行：中国林业出版社

    （100009，北京市西城区刘海胡同7号，电话83143562）

电子邮箱：cfphzbs@163.com

网址：https://www.cfph.net

印刷：河北京平诚乾印刷有限公司

版次：2025年6月第1版

印次：2025年6月第1次

开本：787mm×1092mm　1/16

印张：6.75

字数：85千字

定价：98.00元

前言

　　牡丹花是大自然赠予中华儿女的珍宝。中国人民爱牡丹、种牡丹、画牡丹，并将她传至海外。中华儿女巧手育花，牡丹从深山走进皇家苑囿和富家庭院，更走进寻常百姓家；她也从山谷野花，演化成天姿国色、风韵万千的国民之花、中华之花。

　　本书以简洁生动的语言，总结了牡丹家族及其特点，特别展示了60余幅以牡丹为主要花材的插花艺术作品，旨在介绍牡丹家族的科学知识，从传统插花艺术角度展示牡丹的风采，体现我国社会中与牡丹有关的方方面面，以推广普及牡丹知识，并促进这一传统名花的发扬光大。书中当代传统插花作品由谢晓荣、刘若瓦拍摄，其余图片除署名者外，均为作者所拍。

目录

壹

牡丹在地球上的分布与演化

在植物界中，牡丹属于芍药科芍药属，全世界芍药科仅芍药属 1 个属，芍药属共有 30 余个野生种，主要分布在温带地区。芍药属是一个很古老，很特殊，又很孤立的属，根据植物性状和地理分布不同，划分为牡丹组、芍药组和北美芍药组 3 个小家族。其中，牡丹组是最古老的家族，北美芍药组次之，芍药组最进化。牡丹组 9 个种，芍药组 22 个种，北美芍药组 2 个种。

（一）牡丹组的分布与种类

野生牡丹9个原种，均生长、演化在中华大地上，我国是世界牡丹家族唯一的分布中心。由于它们的存在，人们通过引种、杂交育成了世界各国的牡丹栽培品种，也使我国成为世界牡丹繁育栽培的中心。

001 卵叶牡丹 *Paeonia qiui* Y. L. Pei & D. Y. Hong

株丛矮小，二回三出复叶，小叶9枚，卵圆形，全缘。花粉红色；花盘、花丝紫红色。心皮被毛。花期4～5月。

卵叶牡丹

002　矮牡丹 / 稷山牡丹　*P. jishanensis* T. Hong & W. Z. Zhao

　　株丛低矮，二回三出复羽状叶，小叶9，偶11或15，圆形、近圆形或宽椭圆形，深裂、中裂或浅裂，叶背和叶轴均生短柔毛，后逐渐脱落。花单生枝顶，白色或粉红色，花丝暗紫红色，近顶部白色，花盘与花丝同色，革质、全包心皮。心皮被毛。

矮牡丹

003　凤丹 / 杨山牡丹　*P. ostii* T. Hong & J. X. Zhang

　　植株较高大，二回羽状复叶，小叶11～15枚，卵状披针形至狭长卵形，侧小叶偶有2或3浅齿，花部特征与矮牡丹相同。花期4月。

004 紫斑牡丹 *P. rockii* (S. G. Haw & Lauener) T. Hong & J. J. Li

我国西北地区牡丹品种的主要起源种之一。植株高大，二至三回羽状复叶，小叶多而大多全缘，小叶披针形或卵状披针形，或卵形至卵状披针形而分裂，可达11～18枚以上；花白色，花瓣腹面有明显的紫黑色大斑块，花盘、花丝和柱头均为黄白色，花期5月。

紫斑牡丹

005 四川牡丹 *P. decomposita* Hand.-Mazz.

株丛较高大，三回（稀四回）羽状复叶，小叶片较多，可达30枚以上，花浅粉色或白色，花丝白色，花盘浅杯状，与花丝同色，心皮4～5个，光滑无毛。花期4月下旬至6月上旬。

四川牡丹

006 紫牡丹 *P. delavayi* Franch.

二回三出羽状复叶，叶片阔卵形或卵形，裂片披针形，叶被毛；花红色至深紫红色，花2~5朵顶生和腋生，侧开或略下垂，花瓣1轮，花盘肉质，包住心皮基部，心皮2~5（7）个。花期4月下旬至6月。

紫牡丹

007 黄牡丹 *P. delavayi* var. *lutea* (Franch.) Finte te Gagnep.

与紫牡丹的区别：花瓣黄色，有时边缘红色或基部有紫红色斑块。

黄牡丹

008　狭叶牡丹 *P. potaninii* Kom.

本种与紫牡丹的主要区别在于其叶裂片极狭窄，呈狭线形或狭披针形，宽仅4~7mm。

狭叶牡丹

009　大花黄牡丹 *P. ludlowii* (Stern & G. Taylor) D. Y. Hong

株丛高大，基部分枝多，叶似二回三出复叶，两面无毛，花枝着生3~4花；花瓣5，纯黄色，花盘肉质，黄色，心皮1~（2）枚，无毛。花丝、柱头黄色。花期5月至6月上旬。

大花黄牡丹

需要说明的是，本书所列紫牡丹、黄牡丹和狭叶牡丹，在洪德元院士著作中合并为滇牡丹（*P. delavayi*），本书仍按种处理，以便于观赏园艺工作者育种、品种登记等工作中使用。

（二）中国牡丹栽培品种群的分类

1. 中国牡丹栽培品种群

中国是世界牡丹栽培品种的起源地，全球栽培品种数超过3000个，而我国约有1500多个。根据亲本来源、形态特征、生物学特性和地理分布的不同，我国栽培牡丹可以划分为4个不同的品种群。

001　中原牡丹品种群

矮牡丹、紫斑牡丹、杨山牡丹和卵叶牡丹等野生种经长期自然杂交和人工杂交选育形成的多元杂种的后代群体，主要分布于我国中原地区各省份，以山东菏泽、河南洛阳和北京等地为栽培中心，是我国牡丹品种栽培历史最悠久、规模最大及分布最广的品种群。其品种数量最多，植株大多较矮，叶形变化大，花期多集中于4月，花色丰富艳丽，花型齐全，绝大多数品种花盘，花丝紫红色，适应性强，既有耐寒耐旱品种，又有耐湿热品种，在我国各地普遍引种栽培。

中原牡丹品种群（A.'二乔'；B.'烟笼紫珠盘'；C.'胡红'；D.洛阳隋唐城遗址植物园）

002 西北牡丹品种群

　　紫斑牡丹是西北牡丹品种群最主要的起源种，一部分品种由紫斑牡丹直接演化而来，另一部分品种由紫斑牡丹和矮牡丹、杨山牡丹直接或间接的杂交后代演化而来。

　　主要分布于我国西北地区的甘肃、青海、宁夏等地，以甘肃兰州、榆中、临夏和临洮等地为栽培中心。该品种群特色突出，植株高大（可达2m以上），小叶数多，花瓣基部具大型的墨紫色或深紫色形状各异的斑块，多数品种的花盘黄白色。抗逆性强，抗寒抗旱，耐盐碱，病虫害少，花期自4月下旬至6月上旬。

西北牡丹品种群（A.'佛头青'；B.'书生捧墨'；C.'荷花灯'；D-G.紫斑牡丹在庭院中栽植）（图G康仲英 摄）

003　江南牡丹品种群

　　凤丹是江南牡丹品种群最主要的亲本。该品种群组成较复杂，部分当地土生土长的品种由凤丹直接演化而来，其余品种由中原牡丹品种南移驯化而来或它们与当地品种共同演化而来，极个别品种可能来自西北牡丹品种群。

　　主要分布于我国江南地区的安徽、江苏、浙江和上海等地，以安徽的宁国、铜陵和上海、浙江杭州等地为栽培中心。历史上这一品种群数量较多，现存20多个，花型、花色的变化也不如中原牡丹品种群丰富。但其耐湿热的特性是前2个牡丹品种群所不及的。花期较早，3月中下旬就可开放。近年，上海地区培育出'金琉鹤舞''银粟紫染'等品种，并获国家林业和草原局授权。

江南牡丹品种群（A.'徽紫'；B.'香丹'；C.'西施'，又称'玉楼春'）

004 西南牡丹品种群

西南品种群与中原牡丹品种群和江南牡丹品种群关系密切，主要分布于我国四川成都彭州和重庆垫江等地，有品种10余个。该品种群植株高大，枝叶稀疏，花型变化少，但重瓣性强，花型演化程度高，且较耐湿热。

西南牡丹品种群（A.'丹景红'；B.垫江恺子山栽植的'太平红'）

我国的牡丹品种群各具特色，各有所长，且相互影响、相互渗透。正因为如此，我国的牡丹栽培品种才有丰富多彩的变化和类型。

2. 国外牡丹栽培品种

我国目前栽培的国外品种主要来自日本和欧美。

日本栽培品种（A.'芳纪'；B.'花王'；C.'岛锦'；D.'莲鹤'；E.'花竞'）

欧美栽培品种（A.'海黄'；B.'金阁'）

3. 牡丹栽培品种花型、花色的分类

牡丹品种中，重瓣类型较多，因花瓣来源和数量、花瓣瓣化程度、演化途径和方式的差异，形成了不同花型。各花型代表了不同的演化阶段，也表现了每个品种的特性。牡丹花型的形成是有规律有顺序的，即花瓣数量由单瓣→半重瓣→重瓣增加，花型由低级到高级、由简单到复杂逐渐自然演进。在遵循这一自演进规律的基础上，通过科学的归纳分类指导品种选育的方向，服务于商品化生产的需要。

首先按组成花型的花朵数目的不同，分为单花类和台阁花类。这两类花型下面又依次演进出不同的花型。由一朵花中花瓣自然增加和雄蕊瓣化而形成的各种花型均归为单花类，单花类中，花瓣自然增加形成的花型为千层亚类，雄蕊瓣化形成的花型为楼子亚类。每一亚类之下根据花瓣的层数或雄蕊瓣化的程度分为不同的花型，而由两朵或两朵以上的花上下重叠所形成的各花型均归为台阁花类。

牡丹按花色可分为白、粉、红、蓝、黄、橙、紫、黑、绿和复色。

花型演进

牡丹花型图（A.单瓣型凤丹；B.荷花型'朱砂垒'；C.菊花型'彩菊'；D.蔷薇型'蓝玉'；E.托桂型'银丝贯顶'；F.金环型'俊艳红'；G.皇冠型'银鳞碧珠'；H.绣球型'紫绣球'；I.绣球型'豆绿'；J.千层台阁型'霓虹幻彩'；K.楼子台阁型'冠群芳'）

牡丹花色图（A.白色'鄀芳'；B.粉色'粉中冠'；C.红色'明星'；D.蓝色'蓝宝石'；E.黄色'金袍赤胆'；F.橙色'彩虹'；G.紫色'赵紫'；H.黑色'黑花魁'；I.绿色'豆绿'；J.复色'洮阳锦'）

（三）牡丹名称的由来

1. 牡丹初无名，与芍药混称

秦代之前的古籍中没有牡丹名称的记载，而与芍药混称。《古琴疏》（明·虞汝明著）记"帝相元年，条谷贡桐、芍药，帝令羿植桐于云和，令武罗伯植芍药于后苑"。帝相为夏代第五位君王，在公元前1936至公元前1909年在位，羿为夏代有穷部落的君长。根据这一记载，距今4000年前，古人已采挖当地野生之芍药种植在宫苑内观赏。牡丹也可能混入其中。

《诗经·郑风·溱洧》云："洧之外，洵訏且乐。维士与女，伊其将谑，赠之以勺药。"（此处"勺药"通芍药）。当时牡丹可能混同芍药被先民们传情示爱所用。

1972年，甘肃武威市考古发现的东汉一墓室中，有牡丹治疗血瘀病的处方。方知牡丹有了自己的芳名。

从《通志·昆虫草木略》（宋·郑樵著）曰："古今言木芍药即是牡丹……"。此时，牡丹与芍药已区分，牡丹有了确切的名称。因此，可从上述文献证实，汉代以来，牡丹有了真正的名称。

2. 牡丹曾飞升国花之宝座

因唐朝历代帝王的喜爱推崇，文人墨客的宣传歌咏，初无名的牡丹小花被唐、明、清三代尊为"花中之王"，享有"国色天香"的美誉，深受百姓喜爱。明代北京建极乐寺，寺左侧写有"国花堂牡丹"。清代复建极乐寺，寺东遍植牡丹，国花堂匾额由成亲王手书。

颐和园国花台建于1903年，台上遍植牡丹，慈禧太后钦定牡丹为国花，并将"国花台"三字刻于台上，至今仍在。民国初年，教育家侯鸿鉴在《国花》一文中说："牡丹富贵庄严之态度，最适于吾东亚泱泱大国之气象，尊之为国花，谁曰不宜。"

牡丹的成长、繁荣发展之初，得益于大唐盛世的大力提倡和文人墨客的宣传歌咏，百姓亦喜爱。全国上下皇家苑囿、官府、寺观、百姓宅院、花市花会中皆有牡丹的倩影，尤以洛阳、杭州和亳州等地为盛。此后牡丹的美丽和气质深受历朝历代帝王的欣赏，赢得了文武百官和百姓的喜爱。凡是传统的牡丹种植地区，花开时节皆举办牡丹花市花会，届时花海连天，场面蔚为壮观。

贰

牡丹的魅力

（一）冠压群芳的自然之美

天然富贵的牡丹，其花大盈尺，引人注目；花容艳丽、端庄，犹如锦绣。花香清幽，怡人肺腑；盛夏牡丹枝叶婆娑，四季景色各有美态。

早春，万株牡丹新芽尽相展露，顶余寒而出，尽显大地回春的生机。

仲春，清雅多变、圆润饱满的牡丹花蕾，绽苞出艳，给人前程锦绣、希望无限的憧憬。

暮春，万朵齐放的牡丹花，千姿百态结成花海，蔚为壮观，一派繁荣昌盛。

秋冬，花残叶落，老枝干繁华褪尽，苍劲有力，展露出卓尔不群的雄心傲骨。

早春，新芽竞相展露

仲春，圆润饱满的牡丹花蕾

牡丹傲雪而出

牡丹花海

秋冬之际，苍劲有力的枝干姿态

如此琼姿艳态的牡丹，人们怎能不爱她！

（二）卓越超凡的气质与神韵之美

牡丹形姿色香之美，显露出其内在的气质与神韵、矜持雅态与王者之风；其壮丽、大度与豪气的风貌，不霸的气质与傲骨，富而不淫，贵而不傲，令人感动、敬佩，尊为贵客贵友，其天生丽质的美与国人之品格相契合，以中华民族的气质精神，展现出中国牡丹神韵的魅力。赏牡丹令人豪，国人赋予其美好的寓意与象征，既是中华民族兴旺发达、繁荣昌盛的标志，也是人民群众追求美满幸福、富贵吉祥的寄托。是我国当今盛世的符号，更是深入人心的国民之花。

如此有广泛群众基础与雅俗共赏的牡丹花，不仅国人钟爱，世界各国的人们，亦是崇爱，尊其为中国花、天都神花。由此，牡丹的名字和芳踪遍及社会生活的各个领域，在文学艺术领域中表现尤甚，在民俗文化中多有呈现，可谓脍炙人口，蕴含丰富的历史文化信息。

邮票上的牡丹　　　　　清代邮票　　　　　　　　　　现代邮票

建筑上的牡丹图案（木雕）

玻璃胎画珐琅白头翁牡丹图（清 乾隆）鼻烟壶

画珐琅折枝牡丹纹（清 雍正）鼻烟壶

骨瓷上的牡丹图案

画珐琅绶带鸟玉兰牡丹图瓶（清 中期）

（三）丰厚的文化内涵与人文精神

1. 中国是世界上牡丹著作最多的国家

①古代牡丹专著

欧阳修著《洛阳牡丹记》，是世界上第一部牡丹专著。之后相继问世的牡丹专著，还有《洛阳牡丹记》，宋代周师厚著；《洛阳牡丹花谱》，张峋著；《陈州牡丹记》，张邦基著；《洛阳名园记》，李格非著；《天彭牡丹谱》，陆游著；《亳州牡丹史》，薛凤祥著；《曹南牡丹谱》，苏毓眉著；《曹州牡丹谱》，余鹏年著。

②当今牡丹专著

《中国牡丹品种图志》（中文版）（中国林业出版社，1997）王莲英等主编；《中国牡丹品种图志》（英文版）（中国林业出版社，1998）王莲英主编；《中国牡丹品种图志·西北、江南、西南卷》李嘉珏等主编（中国林业出版社，2004，同时发行英文版）；《中国牡丹品种图志·续志》王莲英、袁涛等编著（中国林业出版社，2015）。

上述著作从不同角度、不同层面系统总结了牡丹在中国的发展历史、技术进步与创新理论体系，可供植物学界深入研究参考。

2. 牡丹是中国传统文化艺术的永恒主题

中国文学艺术领域，牡丹是诗词歌赋、绘画、书法各艺术门类吟颂、赞美的永恒主题。《中国花卉诗词全集》中收录有牡丹诗词144首，《全唐诗》中有50多位诗人咏牡丹的诗百余首，文献统计宋代有咏牡丹诗263首，牡丹词113首，唐宋可谓是诗词的朝代，崇尚牡丹的朝代。

以书法绘画而言，洛阳、菏泽不仅是全国乃至全世界著名的牡丹之乡，还是世界闻名的牡丹书画之地，两地书画名家辈出，名作众多。许多画作成为私人、公共建筑中不可缺少的装饰品。洛阳孟津平乐村是专业牡丹画村，几乎所有村民都喜画、善画牡丹，在这里，牡丹书画得到广泛深入的宣传与普及。

洛阳孟津平乐村牡丹绘画培训及作品（涂伯乐 摄）

3. 牡丹丰富了中国花文化的内涵与精神

在农耕文化浸染、熏陶下，自古至今，中国人热爱大自然，热爱天生丽质的"花"（广义的花草树木）。对"花"的喜爱、尊重与欣赏不仅成为习俗，而且视花为友、待花为客、尊花为师，视为"与天地共存，人与万物为一"。受《诗经》和《楚辞》影响，中国人赋花以人格化，将花品、花性与人品相融相渗，相授受。以花喻人，以人喻花是中国花文化的核心精神，牡丹秉承这种传统观念的精神，自不例外。

这般国色天香、格调高逸、气韵卓绝的牡丹花，不仅以花姿花韵浸润千年岁月，更以芳名流传百代，深深牵动着万千百姓与"牡丹人"的心弦。难怪世间有这般动人的情致：待嫁的女子以牡丹妆奁，让芳华与花魂共赴美满姻缘；痴情的女子为守护牡丹终身不嫁，将岁月凝成与花相伴的执念；花农师傅们则把青春浇注进沃土，用一生光阴将其培育，那份执着与坚守，着实令人肃然起敬。

更令人动容的是牡丹自身的品性——为了绽放华彩，不惜耗竭肥厚的根系，将积攒的养分倾注于花朵，这份倾尽所有的奉献，怎能不让人们为之动容？也正因如此，爱牡丹、赏牡丹的情愫，早已超越了简单的赏花之趣，而是化作流淌在国人血脉中的文化基因，代代相传，生生不息。

4. 牡丹具有较高的经济价值

中国人首先发现并挖掘了牡丹的保健价值和经济价值。在科研人员与一线生产技术人员共同努力下，牡丹深加工产品层出不穷。牡丹花蕊茶、牡丹系列化妆品等深受广大群众欢迎，并远销国外，成为首创的牡丹深加工产品。牡丹籽油因其富含人类必需而又不能自身合成的不饱和脂肪酸、α-亚麻酸等成分，是优质的食用油。

综上所述，牡丹所展现的卓越特性与多元价值，承载着国人的骄傲与荣光。如今，全国"牡丹人"正乘势而上，聚力攻克产业发展瓶颈，紧扣市场经济需求，优化品种结构、规范生产标准，致力于打造真正意义上的现代化牡丹产业——让这朵中国名花，为人类奉献更多芬芳与美好。

中华瑰宝
——牡丹赞

叁

牡丹品种鉴赏

（一）传统品种

1. 中原品种

'白玉'

'夜光白'

'胡红'

'火炼金丹'

'蓝田玉'

'洛阳红'

'青龙卧墨池'

'姚黄'

'赵粉'

'酒醉杨妃'

2. 西北品种

'茶花状元'

'观音面'

'玛瑙盘'

'太士黄'

3. 西南品种

'彭州紫'

'玉楼子'

'狮山锦'

4. 江南品种

'锦袍红'

'徽紫'

'西施'　　　　　　　　　　　　　'西施含羞'

'香丹'

（二）新中国成立后培育的品种

'华夏一品黄'

'百园红霞'

'彩菊'

'冠世墨玉'

'华夏金龙'

'景玉'　　　　'临池学书'

'擎天粉'

'香妃'

'春红娇艳'

'春柳'

'橙色年华'

'甘林黄'   '绿影'

肆

牡丹插花作品欣赏

（一）古代插花作品

慈禧皇太后御笔之宝

《富贵平安图》
清 慈禧 绘

《清供图》清 慈禧

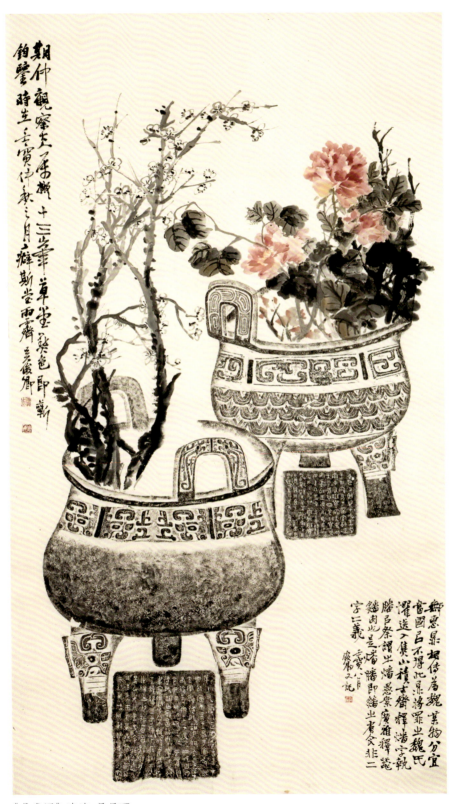

《鼎盛图》晚清 吴昌硕

《平安富贵图》清 徐杨 郎世宁合笔

《花果图》清 邹一桂

《春华秋实》清 居巢

泰谷三阳启瑶
枢斗柄回春开
一岁首香冠百
花魁葐蒀光风
转根舍新泽培
瞻瓶贮佳丽座
右得清陪
丁卯新正
御题

《太平春色》元 张中

《四季平安图》元 佚名

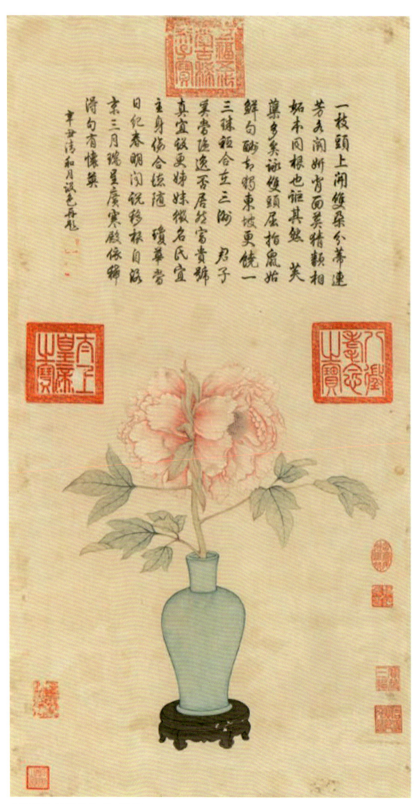

一枝头上闹双朵分蒂连
芳夫阑珊肖面莫精颓相
妬本同根也证其然 芙
藁多柔诩娅头屈指鼠始
鲜句融句翰东坡更饶一
三铢铢合在三阶 君子
美誉还逸否居於富贵辞
真宜銊更姝妹微名民宜
主身伤合法随 瑸华誉
日纪春明阁锐移根自涯
束三月总星广寒殿候辞
滑句有怀築

《岁朝图》清　马荃

孝钦显皇后
（即慈禧太后）吉服像
晚清 佚名

富贵祥花王端居在玉堂何人消
受得国色与天香
丙子春王月 江香女史马荃

《牡丹图》清 马荃

《姑苏花鸟图》清 丁亮先

《岁朝集吉》清 改琦

《岁朝清供》清 居廉

《花篮图》宋 佚名

《华春富贵图》宋 佚名

《六尊者像》唐 卢楞伽

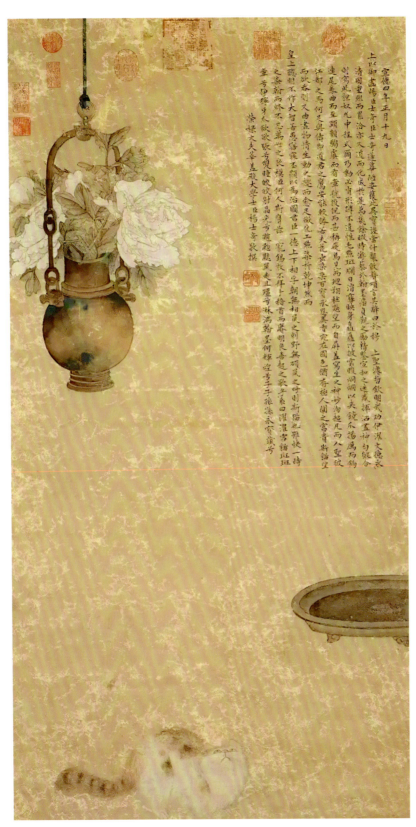

《壶中富贵图》
明 朱瞻基

（二）当代传统插花作品

牡丹颂 王莲英

春日放歌　梁勤璋

花好月圆　　张燕

望若仙　王莲英

水月洞天　王莲英

玉堂富贵 　王莲英

满园春色关不住（人造花） 王莲英

伴读芳 王莲英

春归　　谢晓荣

春秋锦 梁勤璋

春娇　王莲英

春之曲 张超

春色满园　梁勤璋

国色天香赋　　刘若瓦

富贵长青　谢晓荣

富贵平安 张贵敏

節慶插藝

藝語頌吉祥

妙意寓美好

话语颂吉祥　　张 燕

好运常在 袁爱琴

江山如画　　梁勤璋、谢晓荣

吉祥如意

吉祥如意　　谢晓荣

娇艳　王莲英

金玉良缘　王莲英

留 谢晓荣

满园花开幸福来　　王莲英、谢晓荣

品讀名著　似飲清露

清露吐秀　刘若瓦

秋桂　　李其蔓

寿比南山　　谢晓荣、袁爱琴

天目春色 郑青

太平春色　张贵敏

红牡丹 谢晓荣

一览春色　　李其蔓

玉堂春　　郑青

玉堂富贵 秦雷

长歌漫舞　王莲英

竹园富贵 刘若瓦

拙朴吟　王莲英

总领群芳　　梁勤璋

浴雪奇葩　张贵敏

赞牡丹　谢晓荣